专家寄语

　　地球从形成到现在经过了 46 亿年，在这个漫长的过程中，地球上的生物都发生了哪些变化？最早的植物是怎样诞生的？它们经过了怎样的进化过程，才变成了今天的样子？植物的进化永远是一门令人兴奋不已的学问。对孩子来说，植物进化的过程一直是充满吸引力的话题。本系列图书将向孩子展示一个从地球早期生物起源到裸子植物时代，再到被子植物时代的缤纷植物世界，囊括了丰富的植物科学知识，内容具有独特性、稀缺性，向孩子全方位地展现了常见植物的独特与神奇，不仅能够培养孩子从不同角度观察、思考的能力，更能够大大丰富他们的想象力、提高他们的创造力，是一套不可多得的植物科普读物。

中国科学院院士

中国植物学会理事长

植物进化史

花的诞生
改变了世界

匡廷云 郭红卫 ◎编
吕忠平 谢清霞 ◎绘

吉林出版集团股份有限公司 | 全国百佳图书出版单位

地质年代与生物演化阶段表

泥盆纪

4 亿 1000 万年前

志留纪

4 亿 4300 万年前

奥陶纪

4 亿 9000 万年前

约 46 亿年前

150 亿年前，宇宙诞生了，地球作为宇宙中的一颗行星，起源于约 46 亿年以前的原始太阳星云。从地球诞生到地球生命的出现，这期间经历了几十亿年的大演变。

寒武纪

震旦纪

6 亿 8000 万年前

5 亿 4300 万年前

石炭纪

3 亿 5400 万年前

2 亿 9000 万年前

二叠纪

2 亿 4800 万年前

三叠纪

2 亿 600 万年前

侏罗纪

1 亿 3700 万年前

白垩纪

6500 万年前

古近纪

2330 万年前

新近纪

258 万年前

第四纪

在 258 万年前的第四纪，地球生物界的面貌已接近于近现代。哺乳动物的进化相当惊人，人类的出现也成为第四纪最重要的标志。

目　录

花的诞生意义重大

2

花的起源之谜

6

世界上最早的花

8

第三纪的被子植物

16

人类出现在第四纪

20

现存最原始的被子植物

22

花与传粉者

26

你可能不知道的真相

38

没什么比在明媚的春光中野餐更令人心情愉快的了。

只要蜜蜂采花蜜，我们就能有新鲜蜂蜜吃。

各种花的香味混合在一起，真好闻。

好好珍惜花的美丽吧。植物开花需要投入许多的能量，而花期总是短暂的。

植物为什么要开花呢？

嗯，这是个好问题。我们先来看看，一朵完整的花究竟是什么样吧！

　　我们一起看看桃花的结构：花的中心是雌蕊，形状像细长的花瓶。雌蕊最底部是子房，中间包含着胚珠。花柱从子房伸出，顶端是柱头。围绕雌蕊的是一圈雄蕊。它们像一条条细丝，向上延伸，连接到花药，那里正是制造花粉的地方。花瓣环绕雄蕊，像叶子一样的萼片则围绕在花瓣下方，而更下方的花托和花柄支撑着整朵花。

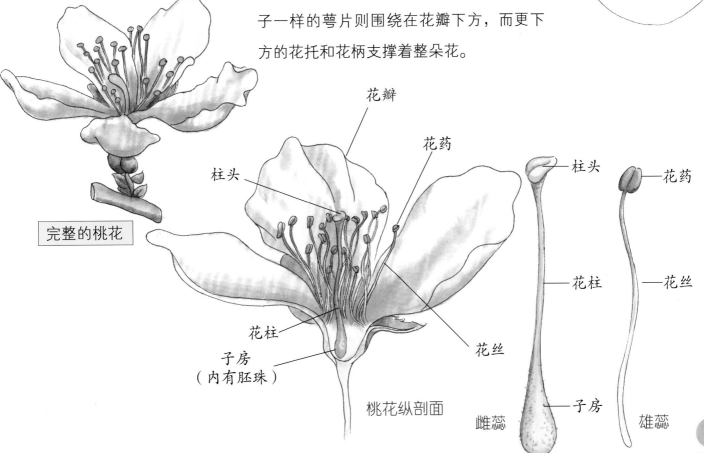

完整的桃花

花瓣

花药

柱头

花柱

子房
（内有胚珠）

花丝

桃花纵剖面

柱头

花柱

子房

雌蕊

花药

花丝

雄蕊

牵牛花

像桃花这样花萼、
花冠、雄蕊、雌蕊都有
的花，就被称作完全花。

樱花

山茶花

缺失雌蕊或者缺失雄
蕊，又或者没有花萼或花
冠，则被称作不完全花。

马蹄莲

黄瓜花

松果

苹果

拥有花朵的植物被统称为被子植物。被子植物的种子外面都有包裹，比如苹果，裸子植物则是指种子外面没有包裹，比如松树。

松子

蔷薇

全世界的被子植物大约超过 25 万种，占了植物总数的一半以上。被子植物在世界各地绽放，成为最复杂多变的植物种类。它们也是现今植物界进化程度最高、最复杂的一类。

然而，这个植物界最庞大队伍的源头究竟在何处呢？

兰花

向日葵

莲花

5

花的起源之谜

水杉

原始热河鸟

义县龙

杨氏锦州龙

泥蜂

蕨类

满洲鳄

会鸟

类香蒲

三燕丽蟾

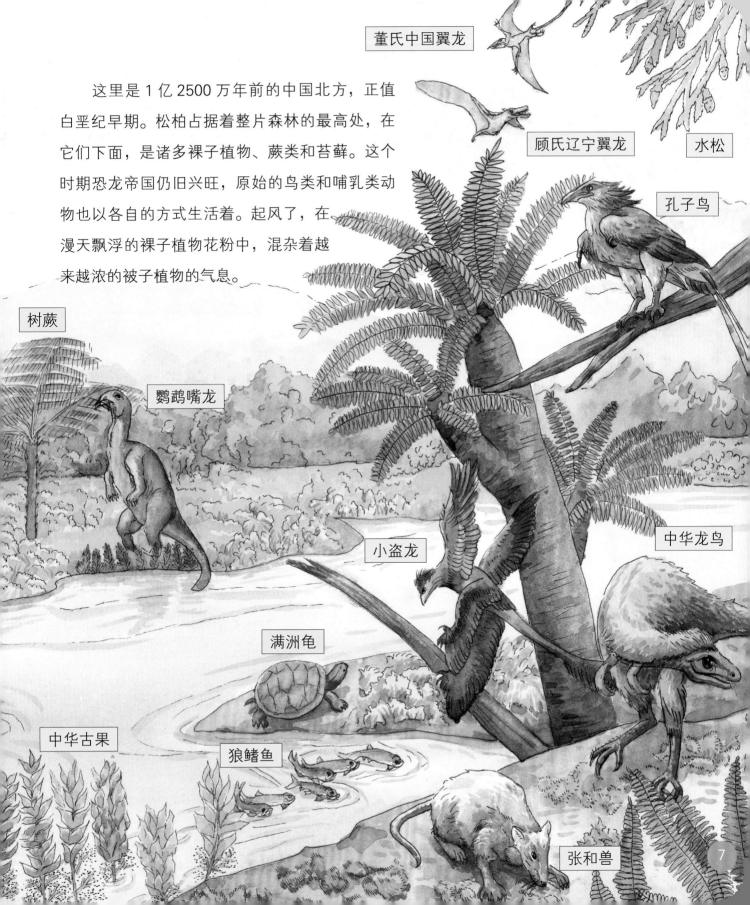

董氏中国翼龙

顾氏辽宁翼龙

水松

这里是 1 亿 2500 万年前的中国北方，正值白垩纪早期。松柏占据着整片森林的最高处，在它们下面，是诸多裸子植物、蕨类和苔藓。这个时期恐龙帝国仍旧兴旺，原始的鸟类和哺乳类动物也以各自的方式生活着。起风了，在漫天飘浮的裸子植物花粉中，混杂着越来越浓的被子植物的气息。

孔子鸟

树蕨

鹦鹉嘴龙

小盗龙

中华龙鸟

满洲龟

中华古果

狼鳍鱼

张和兽

世界上最早的花

没有人知道植物是何时决定用属于叶子的结构将原本裸露的种子包裹并保护起来的。达尔文提出进化论的时代，已经有大量被子植物的化石出土，它们都出土自白垩纪中期的地层中。但它们的祖先在哪里呢？

古生物学家们研究总是依赖化石，试图通过化石发现一些线索，让他们能够窥见一点儿植物演化的秘密。

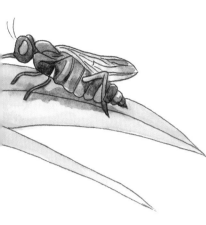

美丽花网翅虻有一根较长的喙，可伸入花心吸食花蜜。科学家发现，它的后代亲属也吃被子植物的花蜜。

始祖花

科学家利用电脑模拟出世界上所有花的祖先。"始祖花"看上去和木兰花有些相像。

木兰花

在近两百年的时间里，被子植物一直被认定诞生于白垩纪，直到人们发现了大量侏罗纪晚期吸食花蜜的昆虫。随后，在同一时期地层中又发现了更多被子植物的化石。从热带雨林到寒带地区附近，几乎只要有被子植物的地方，就有昆虫访花。

而如今科学界认定的最古老的被子植物，在遥远的侏罗纪生长于今天中国辽宁西部的淡水中，它们被称为古果类，是一种矮小的草本植物。但在古生物学家和植物学家眼中，古果类仍不够原始。他们用显微镜观察，继续寻找着被子植物的踪迹……

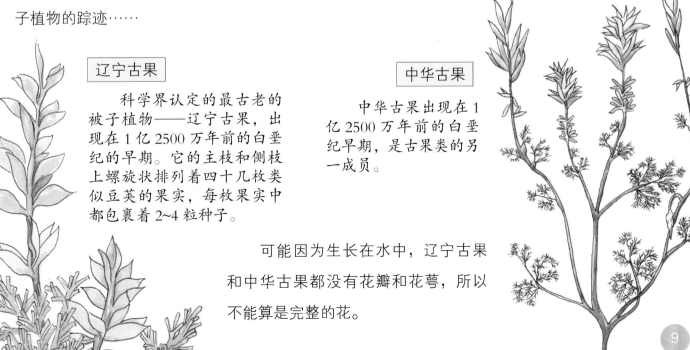

辽宁古果

科学界认定的最古老的被子植物——辽宁古果，出现在1亿2500万年前的白垩纪的早期。它的主枝和侧枝上螺旋状排列着四十几枚类似豆荚的果实，每枚果实中都包裹着2~4粒种子。

中华古果

中华古果出现在1亿2500万年前的白垩纪早期，是古果类的另一成员。

可能因为生长在水中，辽宁古果和中华古果都没有花瓣和花萼，所以不能算是完整的花。

9

植物复原图大多根据对化石推断，所以有可能并不是植物完全真实的模样。

古生物学家陆续在侏罗纪的岩石中发现了一些可能是被子植物的化石，其中一些看起来已经有了完整的花朵结构。

南京花

科研人员认为，"南京花"出现在侏罗纪早期，距今至少1.74亿年。它的形态有些像梅花，有一根树状的花柱，整朵花直径只有10毫米。

中华施氏果

中华施氏果的化石出土于辽宁西部，侏罗纪中期的地层中，一根花柄上长着许多成对的花，每一朵花都有花瓣和花萼。

渤大侏罗草

其化石发现于中国内蒙古宁城道虎沟。它看起来是一种典型的草本植物，虽然高不到1厘米，但根、茎、叶、果都保存完整。它是目前已知世界上最早出现的草。

潘氏真花

其化石出土于辽宁葫芦岛市连山区，具有完整且清晰的花萼、花瓣、雄蕊、雌蕊。

在侏罗纪时期，许多早期的被子植物已经顺利地从北半球扩散到南半球。进入白垩纪，被子植物就已经遍布世界各地并且相当多样。睡莲、木兰、柳树、樟树、蜡梅、桦树、槭树、榛树、山毛榉树、栎树、棕榈……许多现今我们所熟悉的被子植物，它们的祖先或亲属几乎都在白垩纪就已经出现。这个时期有许多被子植物在后来的地球历史中灭绝了。

这里有一些白垩纪特有的花，我们一起来看看吧!

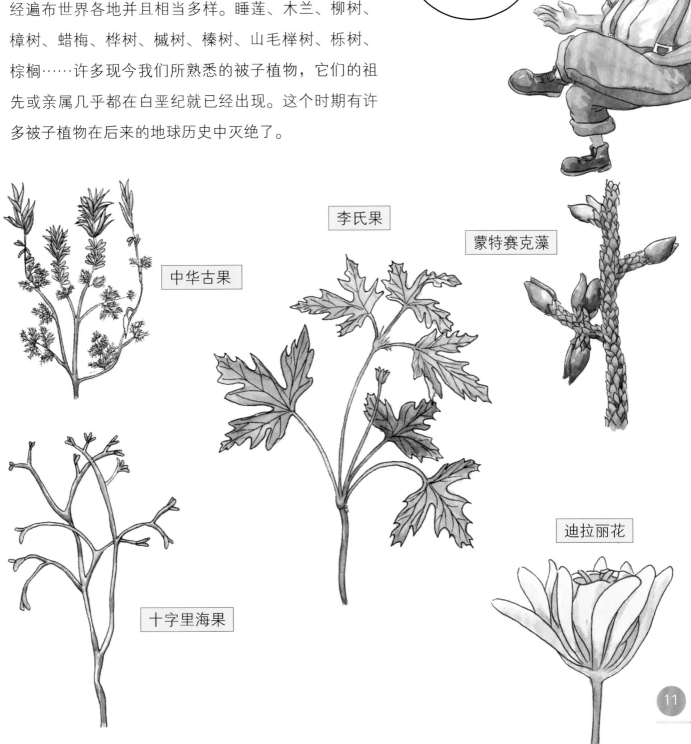

中华古果

李氏果

蒙特赛克藻

十字里海果

迪拉丽花

红杉

巨杉

风神翼龙

落羽杉

南洋杉

木兰

副栉龙

芦竹

这是白垩纪末的北美大陆，裸子植物数目在急剧减少，只有落羽杉、红杉、南洋杉之类的针叶树依旧挺立。裸子植物消失的地方，花朵不失时机地奋力开放。在白垩纪末期，暴龙还在北美土地上横行，陆地的景观已经和现代差别不大了。鹅掌楸和木兰从亚洲扩散至此，周围还有西克莫无花果、棕榈、月桂等，禾草类也悄悄冒头（芦苇或芦竹）。

西克莫无花果

棕榈

蛇发女怪龙

月桂

鹅掌楸

蝙蝠

棕榈

鹅掌楸

冠恐鸟

白垩纪末期的大灭绝事件，对全球植物来说损失惨重。小型爬行动物和哺乳动物幸免于难，存活下来，天翻地覆的变化让新的物种演化出来。被子植物正式成为新生代的植物典范。

世界再度变得热热闹闹，哺乳动物在这个时代崛起，成为陆地的主宰，所以白垩纪之后的第三纪又被叫作哺乳动物时代，同时也是被子植物的时代。

乔木

棕榈

木兰

尤因它兽

在第三纪早期，地球经历了一次全球变暖事件。温暖潮湿的气候更有利于树木的生长，森林几乎覆盖了包括极地在内的所有陆地。

始祖马

第三纪的被子植物

柳

山毛榉

鹅掌楸

山茶

蔷薇

芦苇

菱

16

距今 4500 万年左右，地球气候开始变冷，内陆变得干燥，有一种茎上有节的植物迅速占领了因为森林萎缩而出现的空地，这就是我们俗称的草。在天气寒冷时，叶子褪去更有利于树木储存营养，四季常青的植物中演化出了落叶树种。约 4000 万年前，落叶林覆盖了北美洲、欧亚大陆和北极地区。而此时的亚洲森林中，已经有蔷薇开放。

榛树

水杉

清风藤

睡莲

桑寄生

水青树

枇杷

鹅耳枥

水龙骨

瓦韦

冬青

18

槭树

开花的苹果树

第三纪中期，地球气温还在继续下降，被子植物继续在全球扩张。许多热带和亚热带森林继续被温带落叶林取代。除了南极洲之外，草原在所有的大陆上扩张。亚洲和非洲都出现了热带草原，上面到处是草食动物。

到了第三纪晚期，南极大陆开始被冰封，北冰洋上的冰层也形成了，北方大地被针叶林和冻土地带覆盖。动植物都已经演化到相当接近现代。那时北美洲生长着鳄梨、苹果、构树、枇杷、梧桐、拐枣、刺楸和葛渐渐转移，出现在亚洲的森林中。

灌木

凤尾蕨

19

人类出现在第四纪

第三纪之后的第四纪从开始至今约有258万年。在这个时期，古猿进化成了直立人，直立人又进化成了智人，也就是现代人。

樟树

披毛犀

大角鹿

马鹿

野猪

芦苇

灌木

第四纪时期，地壳依然在缓慢发生着变化，几次接近冰河时代的变化使得青藏高原隆起到了足够的高度，形成一道巨大的屏障，被其隔开的北半球东西方形成了截然不同的气候。许多原本各处都有的植物，开始在某些地区消失，世界各地的植物种类更加丰富多样。

喜马拉雅山脉

喜马拉雅山脉以西

山

雾

草地

喜马拉雅山脉以东

山

灌木

21

现存最原始的 被子植物

互叶梅

　　互叶梅也曾被叫作无油樟，但它既不是樟也不是梅。它是目前人类已知最原始的现存被子植物，可能早在 1.4 亿年前就踏上了独自演化的道路，与所有其他的三十多万种被子植物都不相同。新喀里多尼亚岛是互叶梅最后的家园，这里的气候从第三纪至今从未发生大的变化，因此岛上的热带雨林及其中的植物有幸跨越一亿多年，留存至今。

互叶梅的枝叶

单朵互叶梅

一簇互叶梅

独蕊草

独蕊草是一类非常矮小的水生植物，生长在澳大利亚沿海、新西兰和印度东部一小块区域。虽然从外表看不出来它们和睡莲有何关系，但它们和睡莲的基因非常接近。

独蕊草的植株

独蕊草的果

独蕊草的花

木兰藤

木兰藤是仅生长在澳大利亚东北部昆士兰州雨林中的藤本植物，跟五味子和八角是近亲。紫色斑点的浅绿色花朵散发出臭鱼的气味，很可能是为了吸引蝇类来为它传粉。它的雄蕊长成花瓣的形状，而不是由花丝和花药组成。

木兰藤

木兰藤的叶子

木兰藤的花

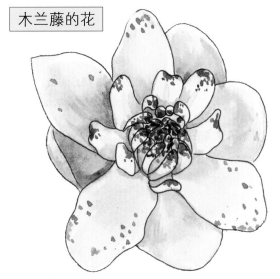

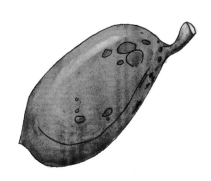

木兰藤的果实

八角家族

野生的八角家族植物只分布在北半球，大部分生长在亚洲东部。它们是一些具有芳香气味的乔木或者灌木，有近 50 种。同大多数原始的被子植物一样，它们花朵的萼片与花瓣没有明显的区别。人工栽培的八角是一种常见的食用香料，但野生种类的果实大多含有剧毒。

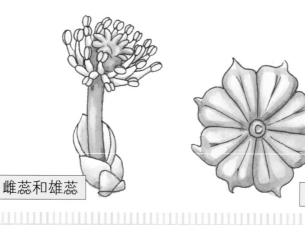

带花、枝、叶的白花八角

雌蕊和雄蕊

果实

种子

苞被木

苞被木主要生长在马来西亚东部、新几内亚、澳大利亚的东部，以及斐济。它们的花都很小，有的聚成伞状，有的聚成圆锥形。果实类似浆果，每颗果实里面包着一粒种子。

结果实的枝叶

一簇花

睡莲的花、叶

睡莲

　　睡莲是著名的水生草本植物，大部分都会在夏季开出大而美丽的花朵。花和叶子浮于水面，也有一些叶子长在水下。除了南极之外，世界各地都能找到睡莲的踪迹。在晚上时，睡莲的花朵会闭合，到早上又会张开。睡莲的果实在水中成熟，坚硬的种子被裹在一层胶质中。某些睡莲会有一种植物界中罕见的繁殖方式——从叶片中长出新的幼体。如果你发现睡莲的叶片和叶柄之间出现毛状物，那就是新的睡莲从母体中萌发了。毛状物会从略突起长成完整的小植株。待到母体的叶柄腐烂后，小苗就会开始自由漂流，到别处去生根、开花。

睡莲的种子

花与传粉者

被子植物之所以能够迅速占领世界，几乎全是昆虫的功劳。

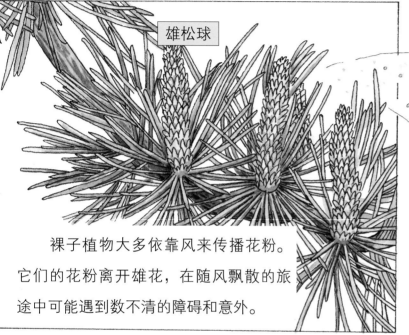

雄松球

花粉要落到正确的地方，让雌花受精结出种子，这件事纯粹是碰运气。

花粉

雌松球

裸子植物大多依靠风来传播花粉。它们的花粉离开雄花，在随风飘散的旅途中可能遇到数不清的障碍和意外。

被子植物的策略正好相反，它们想尽办法吸引动物来为自己传粉，其中绝大部分都依赖昆虫。

蝇

蝶

蜂

天蛾

樱花

山茶

在恐龙的时代，蜂类和蝇类已经存在，其他可能为花传粉的动物还有蜥蜴、蟑螂……

昆虫作为传粉者的历史比花的历史更加久远。白垩纪早期，甲虫已经在为苏铁传粉。

蜂

蝇

蜥蜴

蟑螂

蝶

蜂鸟祖先

在第三纪，鸟类的喙变得可以伸进花心。又经过了漫长的岁月，已有蝴蝶出现在花间。

27

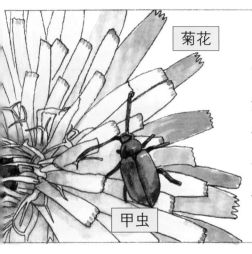

菊花

甲虫

花粉中含有丰富的蛋白质、脂肪、淀粉和矿物质，是许多访花动物的美食，这也是动物能传粉的直接原因。

驴蹄草

一只饱餐的昆虫离开一朵花的雄蕊，身上沾满花粉，再前往另一朵花，在雌蕊的柱头上抖落前一朵花的花粉。

花粉一落到该落的地方，就会伸出一根管子，穿破柱头往下钻，一直钻进子房，放出两颗精子，让卵细胞受精，形成胚和为胚提供营养的胚乳。

桃花

蜂

花粉

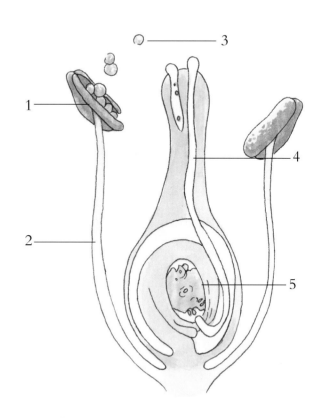

1. 花药　2. 花丝　3. 花粉　4. 花粉管　5. 种子

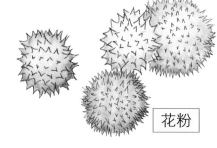

花粉

植物为了能传粉，会根据不同情况使出千般手段。

小麦

玉米

微小的花粉粒被包在一层坚硬的外壳里。有的花粉外壳长着夸张的瘤或棘刺，以便轻松附着在昆虫身上；靠风传播的花粉通常较为平滑（如玉米、杨树花粉），每类植物的花粉都有各自的形态。

飘唇兰

还有一些花粉被有黏性的物质固定成团，黏性使花粉块不仅很容易附着在昆虫壳上，也能粘在鸟嘴或别的动物身上。

钻进飘唇兰花心的蜜蜂，触动了雄蕊的"机关"，其花粉块就会弹开，将花粉块粘在蜜蜂背上。

花粉块

蜂

有些访花动物，演化出一整套专门为获取、食用以及运送花粉而设计的身体结构。

一只工蜂可以仅用六条腿就完成包括采集、整理、压实、搓揉、装纳等在内的一系列工作。

花粉从前足经过中足传到后足，就被揉成了花粉丸装好，等待被带回蜂巢。

花朵还向传粉的动物提供另一样更为甜美的报酬——花蜜。花蜜是花通过蜜腺制造的糖汁，含有很高的热量。

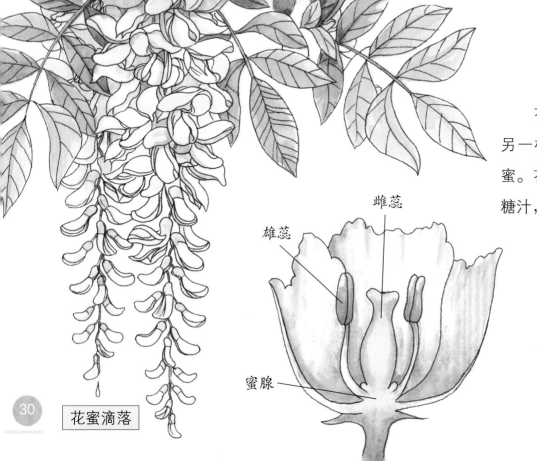

雌蕊

雄蕊

蜜腺

花蜜滴落

花会通过在空气中释放气味分子与传粉者沟通。动物与人类大都喜欢芳香的气味。但有些种类的花想要吸引的传粉者却可能更喜欢释放腐烂的动物尸体或粪便的味道，这就是为什么有的花会散发恶臭的气味。

巨花魔芋

巨花魔芋只生长在印度尼西亚苏门答腊的热带雨林中。一生只开两三次花，每次开花只维持几天的时间。它的花聚集成塔状，可以达到3米高。巨花魔芋拥有一项吉尼斯纪录——它是世界上最臭的花，专门吸引擅长处理动物腐尸的腐尸甲虫来为它传粉。

腐尸甲虫

大王花

大王花生长在马来西亚、印度尼西亚的热带雨林中，具有荷叶般硕大的花朵。它既没有叶也没有茎，靠寄生在其他植物的根部吸收营养。盛开的花朵颜色艳丽，却散发着粪便般的臭味。

花与传粉者之间还有一些人类很难洞察的沟通方式。作为最称职的传粉者，蜂类受到各种花的欢迎，蜜蜂的眼睛对蓝色、绿色敏感，并且能看见紫外线。花洞悉了这一点，悄悄操作着色彩。花朵在紫外线中显现的是另一种面貌，让我们明白，蜜蜂所见与我们必定大为不同。

1. 这里是一些黄色的花。

2. 这是由特殊照相机拍摄的它们在紫外线照射下的样子。

花还巧妙地在花瓣上绘制各种能在紫外线中显现的秘密图案，将蜜蜂的视线引向花心。这就好比举着广告牌——此处有花蜜和花粉，不容错过！

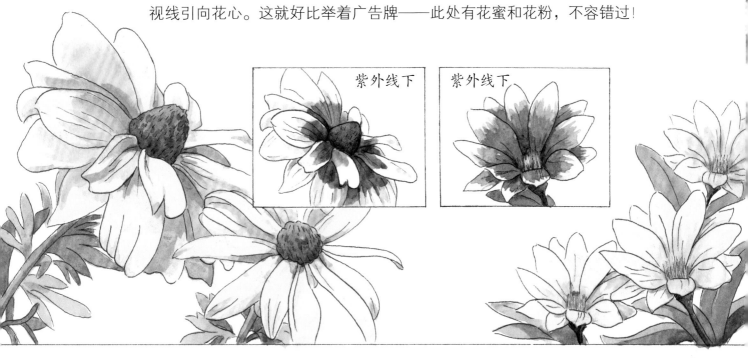

紫外线下　　紫外线下

紫外线下

最初，花开在
植物茎与枝的顶端，
花形是从中心辐射
生长出去的结构，
就像木兰那样。

木兰

木兰

后来，花渐渐演化成左右对称，花瓣
合起，形成方便昆虫落脚和爬进、爬出的结
构，比如豆科蝶形花。

豆科蝶形花都有一片较大且颜色
艳丽的旗瓣。最下面的两片花瓣合拢
成船形，被称为龙骨瓣。紧贴龙骨瓣
的两片花瓣叫作翼瓣，是专门提供给
昆虫的"登陆平台"。当昆虫落在翼
瓣上探头吸食花蜜时，龙骨瓣中包裹
的花蕊就会弹出，将花粉抖落在昆虫
身上。

紫藤

豆科蝶形花

旗瓣

翼瓣

龙骨瓣

足茎毛兰

花甚至演化出了伪装的本领以引诱小动物为其传粉，兰科植物有两万多种，其中的三分之一并不为传粉者提供任何回馈，而是靠"欺诈"的方式让传粉者完成传粉。足茎毛兰唇瓣上的黄色斑块模拟成美味的食物，以吸引中华蜜蜂；一些眉兰属的兰花会逼真地模拟成雌蜂的样子，引诱发情的雄峰；还有一些兰花则长得像真菌，因为它们的传粉者喜欢吃蘑菇。

角蜂眉兰

向日葵

菊科植物诞生在从古地中海和美国西北部温暖、干旱的环境中，菊科的"一朵花"是许多花集中生长在同一个花托上，这个小团体里的每个成员都可能有自己小小的子房、柱头、雄蕊、花冠和花萼。昆虫被鲜艳的颜色吸引，前来探寻花粉与花蜜，它们只需要到访一次，就能同时为许多小花传粉。菊科、兰科、豆科是世界上种类最多的前三类被子植物。

向日葵剖面

向日葵的"花瓣"其实是舌头状的花，"花蕊"其实是管状的花。

波斯菊

万寿菊

大部分被子植物的演化，只有吸引动物传粉这一个目的。在演化的过程中，被子植物的花一直在因为传粉者、捕食者和环境的需要而改变形状和颜色，这才发展出我们所见到的这个丰富多彩的植物世界。

被子植物不愧是世界上最复杂、适应力最强、种类最多的植物类别。被子植物提供的花蜜、花粉、种子和果实，也是我们人类进行农业生产的基础！

Q1 和裸子植物相比，被子植物有什么生存优势？

　　被子植物的花形态更成熟，有了花被的保护，花蕊能更好地授粉、孕育种子。另外，被子植物的果皮能保护和帮助传播种子，使被子植物扩大生存空间。除此以外，被子植物有着比裸子植物更发达的输导组织，保证了体内水分和营养物质的通畅运输，从而使被子植物更适应陆地环境。

Q2 花是植物的生殖器官？

　　植物开花是为了繁殖后代，吸引传粉者来传输花粉。所以，幼苗期的植物是不会开花的，只有性成熟的植物才能绽放花朵。花是植物的生殖器官。

Q3 花朵也有性别吗?

花朵的分类有很多种,如果按照性别分,则可分为雄花、雌花和两性花。雄花只有雄蕊,雌花只有雌蕊,而两性花既有雄蕊又有雌蕊。有些植物是雌雄同株,即雄花和雌花在同一棵植株上,也有雌雄异株,即雄花(雄株)和雌花(雌株)分别生在不同的植株上。

Q4 有些被子植物没有花瓣也能开花?

花瓣也叫花冠,并不是所有的花朵都有花冠——没有花冠的花是不完全花,这种花在自然界其实很常见,像马蹄莲、雪莲花等植物的花其实都是没有花瓣的,人们常常把它们的苞片误认为花瓣。苞片就是一种靠近花朵的变态的叶。

Q5 花朵可以自花授粉或异花授粉?

自花授粉是指一朵花的雄蕊上的花粉沾到雌蕊柱头上受精,异花授粉则是一朵花的花粉沾到另一朵花的雌蕊上。自然界有部分花只会自花授粉,比如水稻、竹子,也有部分花只能异花授粉,比如向日葵,但最常见的情况是允许两种授粉方式同时存在。

Q6 花朵是怎样排列在花轴上的?

有一些花是单独生长在茎的顶端或叶腋位置,这种花叫单生花。还有许多植物的花会按一定方式有规律地生在花轴上,这种花在花轴上排列的方式和开放次序称为花序。

图书在版编目（CIP）数据

花的诞生改变了世界/匡廷云, 郭红卫编；吕忠平,
谢清霞绘. -- 长春：吉林出版集团股份有限公司,
2023.11（2024.6重印）
　　（植物进化史）
　　ISBN 978-7-5731-4502-4

Ⅰ.①花…Ⅱ.①匡…②郭…③吕…④谢…Ⅲ.
①花卉—儿童读物Ⅳ.①S68-49

中国国家版本馆CIP数据核字(2023)第218122号

植物进化史

HUA DE DANSHENG GAIBIAN LE SHIJIE

花的诞生改变了世界

编　　者：匡廷云　郭红卫

绘　　者：吕忠平　谢清霞

出 品 人：于　强

出版策划：崔文辉

责任编辑：徐巧智

出　　版：吉林出版集团股份有限公司（www.jlpg.cn）
　　　　　　（长春市福祉大路5788号，邮政编码：130118）

发　　行：吉林出版集团译文图书经营有限公司
　　　　　　（http://shop34896900.taobao.com）

电　　话：总编办 0431-81629909　　营销部 0431-81629880 / 81629900

印　　刷：三河市嵩川印刷有限公司

开　　本：889mm×1194mm　1/12

印　　张：8

字　　数：100千字

版　　次：2023年11月第1版

印　　次：2024年6月第2次印刷

书　　号：ISBN 978-7-5731-4502-4

定　　价：49.80元

印装错误请与承印厂联系　　电话：13932608211

植物进化史

专家介绍

匡廷云

中国科学院院士 / 中国植物学会理事长

　　中国科学院院士、欧亚科学院院士；长期从事光合作用方面的研究，曾获得中国国家自然科学奖二等奖、中国科学院科技进步奖、亚洲—大洋洲光生物学学会"杰出贡献奖"等多项奖励，被评为国家级有突出贡献的中青年专家、中国科学院优秀研究生导师。

郭红卫

长江学者 / 中国植物学会理事

　　国际著名的植物分子生物学专家，长期从事植物分子生物及遗传学方面的研究，尤其在植物激素生物学领域取得突破性成果。2005—2015 年任北京大学生命科学学院教授；2016 年起任南方科技大学生物系讲席教授、食品营养与安全研究所所长。教育部"长江学者"特聘教授，国家杰出青年科学基金获得者，曾获中国青年科技奖、谈家桢生命科学创新奖等重要奖项。